海洋图典

让孩子着迷的 105 种海洋动物

孙雪松 主编

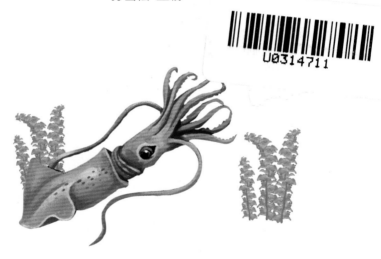

化学工业出版社

·北京·

图书在版编目（CIP）数据

海洋图典：让孩子着迷的105种海洋动物/孙雪松主编. —北京：化学工业出版社，2022.8（2024.11重印）

ISBN 978-7-122-41377-2

Ⅰ.①海⋯　Ⅱ.①孙⋯　Ⅲ.①水生动物-海洋生物-儿童读物　Ⅳ.①Q958.885.3-49

中国版本图书馆CIP数据核字（2022）第077068号

责任编辑：龙　婧　　　　　　　　　　　　　　责任校对：李雨晴

出版发行：化学工业出版社（北京市东城区青年湖南街13号　邮政编码100011）
印　　装：北京瑞禾彩色印刷有限公司
889mm×1194mm　1/20　印张6　字数200千字　2024年11月北京第1版第11次印刷

购书咨询：010-64518888　　　　　　　　　　售后服务：010-64518899
网　　址：http://www.cip.com.cn
凡购买本书，如有缺损质量问题，本社销售中心负责调换。

定　　价：39.80元

前 言

　　你会如何形容海洋呢？浩瀚、神秘、波澜壮阔、生机盎然……似乎所有的赞美之词都不足以描绘海洋的魅力。

　　地球表面大约 70% 的面积被海洋覆盖着，孕育了地球上最早的生命。时至今日，海洋依旧是万千生物的栖息地。从热闹的海面到静谧的海底，从明亮的浅滩到幽深的海沟，从寒冷的极地到温暖的海域，到处都有海洋生物的踪影。它们或圆或扁，或绚丽或奇特，或巨大或微小……

　　海洋世界异彩纷呈，海洋动物五花八门。你最喜欢什么海洋动物呢？是聪明伶俐的海豚，是飘逸优雅的水母，是绚丽多姿的珊瑚，还是身体柔软的章鱼呢？

　　《海洋图典：让孩子着迷的 105 种海洋动物》用深入浅出的文字、精致唯美的手绘插图，记录着各具魅力的海洋动物，展现着它们的生存本领。快来吧，我们一起潜入海洋，探索海洋动物的秘密吧！

目录

蓝鲸

蓝鲸是世界上迄今为止体形最大的动物，据说就连刚出生的蓝鲸幼崽，也要比成年的大象还要重。蓝鲸的饭量也和它们的体形一样大，它们一次可以吞食 200 万只磷虾，重量约 4 吨，称得上是一个超级大胃王了。

种	属：	哺乳纲
体	长：	20 ~ 30 米
食	物：	磷虾、鱼类

蓝鲸的身体像一把剃刀，因此也被称为"剃刀鲸"。

蓝鲸的头顶有 2 个喷气孔。

据说，蓝鲸的舌头上能站 50 个人。

抹香鲸

抹香鲸是哺乳动物中的潜水能手，能潜到 2000 多米深的海底，捕猎生活在深海的大王酸浆鱿。

海洋档案

种　属：	哺乳纲	
体　长：	约 18.5 米	
食　物：	大型乌贼、章鱼、鱼类等	

抹香鲸长着一个方方的大脑袋。

抹香鲸的肠道里会形成一种蜡状物质，这就是龙涎香。

一角鲸

你知道神话中的独角兽吗？圣洁的角是它们的显著特征。海洋中也有这样一种动物，它们的头上长着长长的尖角，被认为是独角兽的化身，它们就是一角鲸。其实，一角鲸的"角"不是"犄角"，而是它们露在外面的长牙。

海洋档案

种	属：	哺乳纲
体	长：	4～5米
食	物：	鱼类、虾等

一角鲸之间会用"角"来决斗。

一角鲸牙齿越长、越粗，在家族中地位越高。

座头鲸

座头鲸是天赋异禀的"歌唱家"，它们的歌声优美而有韵律，边游边唱是座头鲸的拿手绝活。座头鲸擅长潜水，当它们浮出水面换气时，头顶的鼻孔会喷出一股气体，连带着海水喷上天空，如同海上喷泉一般。

海洋档案

种　属：	哺乳纲
体　长：	11.5 ~ 15 米
食　物：	磷虾、鱼类、贝类

座头鲸嘴边有 20~30 个肿瘤状的突起。

座头鲸的胸鳍非常大，如同翅膀一样，因此也被称为"大翼鲸"。

座头鲸下腭褶皱在进食时会全部张开。

白鲸

　　白鲸因为可以发出丰富多样的声音，被誉为"海中金丝雀"。它们可以发出颤音、滴答声、拍掌声、牛叫声，甚至是口哨声。如果几头白鲸聚集到一起，很可能会演奏一曲动人的"交响乐"。

海洋档案

种　　属：	哺乳纲
体　　长：	3 ～ 5 米
食　　物：	鱼类、无脊椎动物等

身体颜色非常淡，是独特的白色。

白鲸的额头隆起，是个"大脑门"。

北极露脊鲸

当北极露脊鲸浮到海面上时，宽阔的背脊几乎有一半露在水面上，这是它们名字的由来。另外，北极露脊鲸有一张"歪嘴巴"，看上去奇怪极了。

海洋档案

种　属：	哺乳纲	
体　长：	15~18 米	
食　物：	磷虾、鱼类等	

北极露脊鲸呼吸时喷射出的水柱是双股的。

长长、细细的鲸须。

海豚

提起最令人喜爱的海洋明星，海豚一定榜上有名。海豚聪明可爱，憨态可掬，而且对人非常友好。海豚有发达的大脑，可以完成复杂的动作。它们有独一无二的游泳方式：以非常小的角度跃出海面，再以非常小的角度钻入海中。

海洋档案

种　属:	哺乳纲
体　长:	6～8米
食　物:	鱼类、乌贼等

海豚的身体呈纺锤形，是游泳健将。

尾鳍叉形，尾椎轴稍上扬

海豚的尖尖的嘴巴叫"喙"，里面长着尖细的牙齿。

姥鲨

姥鲨是一种超级大鲨鱼，是仅次于鲸鲨的第二大滤食鲨。姥鲨喜欢在广阔无垠的大海中巡游，寻找着高密度的"美食区"。闲暇时间，行动缓慢的姥鲨尤其钟爱浮在水面上，懒懒地享受"日光浴"。

海洋档案

种 属:	软骨鱼纲	
体 长:	6～8米	
食 物:	小鱼、浮游生物等	

姥鲨张开大嘴，把水和食物一齐吸进了嘴里，然后用细长角质鳃耙过滤。

尾鳍叉形，尾椎轴稍上扬。

鲸鲨

鲸鲨是名副其实的"大块头"，是世界上最大的鱼类，它们的性情非常温和，因此被誉为"温柔的海洋巨人"。

海洋档案

种	属：	软骨鱼纲
体	长：	9～20米
食	物：	浮游生物、软体动物等

鲸鲨的身体是灰褐色或蓝褐色，背上有点状和条状的花纹，如同天上的星星。

鲸鲨长着一张大嘴，牙齿却又细又小。

象海豹

象海豹是海豹家族中个头最大的成员，是家族中的兽王。其中，雄性象海豹有能伸缩的长鼻，这大概就是它们得名的原因吧。

海洋档案

种　属： 哺乳纲

体　长： 3 ~ 6.5 米

食　物： 乌贼、小鲨鱼等

雄性象海豹有一个能伸缩的鼻子，当它兴奋或发怒时，鼻子就会膨胀起来。

象海豹的眼睛又大又圆。

海象

因为两颗长长的牙，这个丑丑的动物有了"海中大象"之名。海象的四肢已经退化成鳍，在陆地上它们的动作很笨拙，但到了水里，它们却能灵活地游走。

海洋档案

种　　属：哺乳纲
体　　长：2.9 ～ 4.5 米
食　　物：瓣鳃类软体动物，乌贼、虾、蟹等

利用长牙，海象可以爬上冰面、可以挖掘食物。这对长长的牙还可以当作战斗武器。

海象的身体粗壮，皮肤粗糙。

海牛

　　海牛的体形巨大，所以需要吃掉许多水草来维持自己的体力。遇到一片鲜嫩的水草时，海牛就会张开嘴风卷残云地将水草卷进嘴里，怪不得大家都叫它们"水中除草机"呢。

海洋档案

种	属：	哺乳纲
体	长：	2.8 ~ 3 米
食	物：	海藻、水草等水生植物

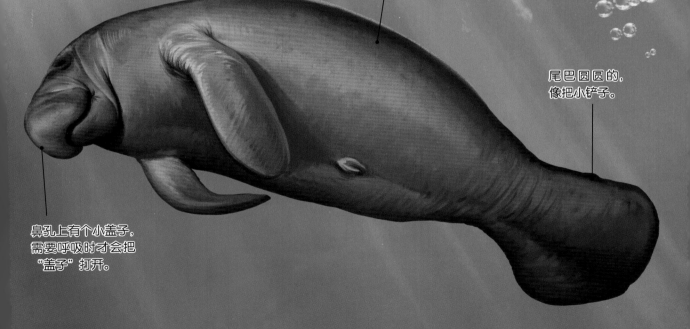

身子呈纺锤形，头小小的，身体胖胖的。

尾巴圆圆的，像把小铲子。

鼻孔上有个小盖子，需要呼吸时才会把"盖子"打开。

儒艮

你们喜欢《海的女儿》中所讲述的童话故事吗？童话故事里的小美人鱼真是让人既喜欢又心疼。其实，美人鱼的原型是一种名叫儒艮（gèn）的动物，它们并不美，反而圆滚滚的，和海牛有些像。儒艮是世界上最古老的海洋动物之一，属国家一级保护动物，也是我国濒危物种之一。

海洋档案

种　属：	哺乳纲	
体　长：	约3米	
食　物：	水草、海藻等水生植物	

头部较小，但头骨坚实。眼小，无耳廓。

儒艮的尾巴呈新月形，和鲸的尾巴很像。

大王乌贼

    传说，在深不可测的海底生活着一种巨大的海妖，海妖一旦发怒，海面上的一切将毁于一旦。这个海妖可能就是大王乌贼，它们的体形巨大、性情凶猛，甚至能与抹香鲸一决高下。

海洋档案

种 属： 头足纲

体 长： 18～20 米

食 物： 小型鱼类、无脊椎动物

大王乌贼的眼睛圆圆的、大大的。

大王乌贼的吸盘边缘有一圈小锯齿，具有强大的杀伤力。

翻车鱼

翻车鱼的身体圆乎乎的，像一个巨大的鱼头慢悠悠地在海洋中游荡。它们喜欢侧着身体浮在海面上晒太阳，因此人们也叫它们"太阳鱼"。

海洋档案

种　属： 硬骨鱼纲

体　长： 3～5.5米

食　物： 水母、小型鱼类、软体动物和海藻等

翻车鱼身体椭圆扁平，尾巴已经退化了。

翻车鱼身体上寄生着一些发光的小生物，夜晚看上去就像一轮落入海中的明月。

狮鬃水母

狮鬃水母是世界上体形最大的水母之一，庞大的身型和狮子鬃毛般的触手使其在海洋生物里有着非一般的存在感。它外表美丽，但性情却十分凶猛，须上的毒针足以令人麻痹而死亡。

海洋档案

种 属:	钵水母纲
体 长:	20 ~ 40 米
食 物:	浮游生物、小型鱼类和其他水母

狮鬃水母的触手纤长，最长的触手可达 35 米。

狮鬃水母的触手中含有剧毒。

皇带鱼

皇带鱼是海洋中最长的硬骨鱼，它们的身体细细长长的，有着银色的身体和红色的背鳍，头上的丝状鳍如同头冠一般，人们称它们为"龙宫使者"。

海洋档案

种　属： 硬骨鱼纲

体　长： 约 3 米

食　物： 小型鱼类、乌贼、磷虾、螃蟹等

背鳍贯穿整个身体。

腹鳍就像两条长长的丝带。

谁是超级猎手？

虎鲸

谁是海洋中最凶猛的猎手？虎鲸一定榜上有名。它们不仅拥有超群的战斗力，还非常聪明。它们会假装死亡——肚皮向上，一动不动地浮在水面上，当猎物放松警惕，慢慢接近的时候，虎鲸会忽然翻过身来，把猎物吃掉。

虎鲸的背鳍高耸，如同一个三角形，因此它们被称为"逆戟鲸"。

虎鲸的身体黑白分明，看上去如同一只"海中大熊猫"。

20

大白鲨

　　大白鲨也叫噬人鲨，它们的赫赫威名几乎无人不知，无人不晓。因为具有强大的攻击性，能捕食几乎各类大型海洋动物，大白鲨一直位居海洋食物链的最顶端。

海洋档案

种　属：	软骨鱼纲
体　长：	6～8米
食　物：	海洋哺乳动物等

大白鲨的体表覆盖着一层角质化的坚硬盾鳞。

大白鲨长着三角形的牙齿，牙齿边缘还有锯齿。

沙虎鲨

沙虎鲨被称为"鲨中老虎"，它们平时动作慢悠悠的，但如果受到挑衅，就会迅速展开攻击，战斗力十足。

海洋档案

种	属：软骨鱼纲
体	长：2.2 ~ 3.4 米
食	物：硬骨鱼类、小型鲨类、乌贼等

沙虎鲨脑袋扁平，吻向前凸出。

沙虎鲨长着满口的尖牙。

双髻鲨

要说鲨鱼家族中长相最奇怪的，那非双髻鲨莫属了。它们的头既像一把锤头，又像古代女子头上梳的双发髻，因此双髻鲨也被称为"锤头鲨"。

海洋档案

种	属：	软骨鱼纲
体	长：	3.5 ~ 4.5 米
食	物：	小型鲨鱼、魟鱼、乌贼等

双髻鲨两眼之间距离足有1米远，可以全方位观察周围情况。

双髻鲨宽大的头上分布着能够感应磁场的感觉器官。

剑鱼

剑鱼的吻部又尖又长，非常锋利，甚至能把船板刺穿。它们游得非常快，是当之无愧的游泳能手，因此也被称为"箭鱼"。

海洋档案

种	属:	硬骨鱼纲
体	长:	3～5米
食	物:	鱼类、乌贼等

剑鱼的身体呈流线型，强壮有力的尾柄能为剑鱼提供前进的推动力。

剑鱼的上颌尖尖长长的，是剑鱼的主要武器。

旗鱼

旗鱼是海洋中公认的短距离游泳冠军。它们的第一鳍背又高又长，完全舒展开的时候，好像船上扬起的一面旗帜，因此被人们称为"旗鱼"。

海洋档案

种　属：	硬骨鱼纲
体　长：	2 ~ 3.5 米
食　物：	鱼类、乌贼等

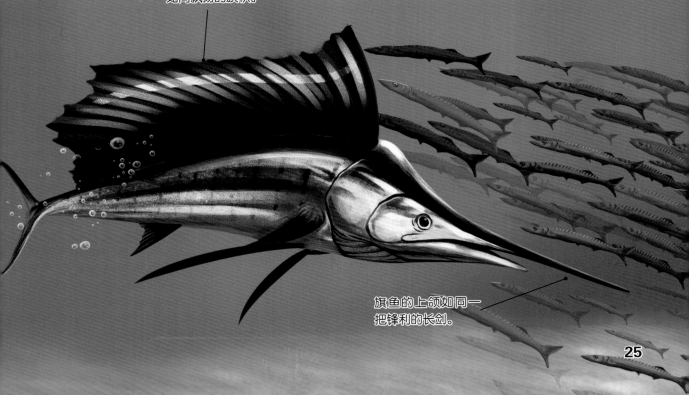

旗鱼的背鳍展开，如同飘扬的旗帜。

旗鱼的上颌如同一把锋利的长剑。

梭子鱼

梭子鱼也叫"海狼鱼"，个性凶狠而且极具攻击性。当遇到攻击时，它们常常会聚在一起团队作战，联合起来的力量可以击退鲨鱼。

海洋档案

种　属： 硬骨鱼纲

体　长： 约 1.8 米

食　物： 鱼类、硅藻等

梭子鱼长着突出的尖牙，如同狼牙般锋利。

电鳐

有一些动物的身体构造非常特别，为了生存它们另辟蹊径，进化出了发电器官。它们可以释放电流，把猎物电晕，如果有捕猎者攻击，它们也可以放电让自己躲过一劫。

海洋档案

种　　属:	软骨鱼纲	
体　　长:	0.3~2 米	
食　　物:	鱼类等	

电鳐身体扁圆，头和胸鳍形成了一个圆盘。

海鳗

海鳗生性凶猛，让很多海洋动物闻风丧胆，它们长得像蛇，被海鳗锁定的猎物，很少有机会逃脱。

海洋档案

种　　属：	硬骨鱼纲
体　　长：	30～40厘米
食　　物：	虾、蟹、鱼类、乌贼等

海鳗身体细长，吻部长而尖。

湾鳄

　　提起鳄鱼，你们的第一印象是它们张着血盆大口的凶恶样子吗？其实，海洋中也生活着一种鳄鱼——湾鳄，它们体型巨大，咬合力很强，十分可怕。

海洋档案

种　　属： 蜥形纲

体　　长： 3 ~ 7米

食　　物： 大型鱼类、海龟等

湾鳄的尾巴粗壮，可以当作攻击武器。

湾鳄的吻长长的、窄窄的。

豹形海豹

在南极的海豹家族中，豹形海豹虽然体形不是最大的，但却是最凶的。凶残的性情让豹形海豹成了南极地区的"海中强盗"，是企鹅的天敌。

海洋档案

种 属:	哺乳纲
体 长:	3 ~ 4 米
食 物:	磷虾、鱼类、企鹅等

豹形海豹背部是深灰色，腹部是银灰色。

豹形海豹有一个大大的头。

谁爱捉迷藏？

比目鱼

动物们的眼睛基本都是左右分开，长在身体两侧的，然而比目鱼却不一样，它的一双眼睛长在了身体的一侧。比目鱼通常侧卧在海底的沙子里，与周围的环境融为一体，有两只眼睛的一侧朝上，这样既不容易暴露自己，还能伺机捕获一些美味的猎物。

海洋档案

种	属:	辐鳍鱼纲
体	长:	10 ～ 200 厘米
食	物:	小鱼、小虾等

比目鱼身体扁平，腹部呈白色，眼睛一侧的皮肤有颜色。

海马

头像马，尾巴卷曲，嘴是一根喇叭形状的管子，不能张合，只能吸食水中小动物。其实，海马是鱼类家族的成员，它们是家族中的慢性子，无论做什么事，都不慌不忙、慢条斯理。

海马常常用尾巴缠绕着海藻或珊瑚，将自己隐藏在环境中。

海马妈妈会把卵产在海马爸爸的育儿袋里，海马宝宝发育成形后，就会由爸爸"生"下来。

叶海龙

叶海龙是海洋中非常杰出的伪装大师，它们的身上长着很多叶瓣一样的附肢，看起来就像在水中纵情"起舞"的海藻。高超的伪装术让它们能在危急时刻蒙蔽捕食者的眼睛，成功避开危险。

海洋档案

种	属：	硬骨鱼纲
体	长：	约 30 厘米
食	物：	小型甲壳类、浮游生物、细小的幼鱼

叶海龙身上长着绿色、黄棕色的叶状附肢。

管状的吻。

瞧，叶海龙像不像一丛海藻呀！

草海龙

草海龙既像随波而动的海草，又像中国神话故事中的龙，独特的模样令人啧啧称奇！五彩缤纷的颜色、摇曳生姿的动作，展示着这些"优雅泳客"的强大魅力。

草海龙身体上延伸出像海藻叶瓣状的附肢。

胸前有7条蓝紫色花纹。

拟态章鱼

拟态章鱼是顶级伪装高手，它们能改变自己的颜色和形状，还能模仿其他动物的形态，从而吓退那些虎视眈眈的敌人。

海洋档案

种	属：	头足纲
体	长：	60 厘米
食	物：	贝壳、虾蟹等

拟态章鱼的体表分布着成千上万的"色包"，可以瞬间改变体色。

乌 贼

乌贼凭借自己墨囊中的一腔浓墨，遇到敌人时会用喷墨的方式保护自己，它因此也被人称作墨鱼、墨斗鱼。

海洋档案

种　　属：	头足纲
体　　长：	2.5 厘米 ~20 米
食　　物：	甲壳类、软体类及其他小动物

乌贼有 10 条腕足，其中两条用于捕食的腕足比较长，另外 8 条腕足则比较短。

乌贼的身体分为头、躯干和足三个部分。

锯吻剃刀鱼

锯吻剃刀鱼模仿海藻的技术十分了得，它们漂在海藻旁，让扁平的身体与海藻的方向保持一致，做出随水摇曳的假象，模仿海藻的样子非常传神。

海洋档案

种	属：	硬骨鱼纲
体	长：	约 17 厘米
食	物：	浮游生物等

吻很长，呈扁管状。

花园鳗

　　在珊瑚礁附近的沙质海底，经常可以见到体形细长的花园鳗。群栖的花园鳗随着海流翩翩起舞，远远眺望就像花园里生长茂盛的草随风而动。

海洋档案

种　属：	辐鳍鱼纲	
体　长：	30~40 厘米	
食　物：	浮游动物等	

花园鳗将身体埋在沙土里，谨慎地东张西望。

软珊瑚蟹

有这么一群螃蟹，它们色彩鲜艳，生活在软珊瑚丛中，浑身都长着刺，看上去和珊瑚差不多，它们就是软珊瑚蟹。

海洋档案

种　属：	甲壳纲
体　长：	1.5~2 厘米
食　物：	浮游生物等

软珊瑚蟹色彩斑斓，与周围的珊瑚似乎融为了一体。

谁是用毒高手？

狮子鱼

狮子鱼不但拥有美丽的外形和鲜艳的颜色，还拥有毒刺，仿佛在警告其他动物："我不好惹！"

海洋档案

种　属：	硬骨鱼纲	
体　长：	25 ~ 40 厘米	
食　物：	甲壳类动物、无脊椎动物、小型鱼类等	

狮子鱼胸鳍和背鳍上长着长长的鳍条和刺棘。遇到危险时，狮子鱼就会张开全身的鳍条。

狮子鱼身上分布着红色和棕色的条纹。

石头鱼

石头鱼不仅是伪装界的天才，还是"海洋毒魔团"数一数二的"精英"。它们的脊背上都有十几根像针一样锐利的棘刺。这些棘刺具有致命的剧毒，可以轻而易举地穿透人的鞋底，刺入脚掌。

种 属：	辐鳍鱼纲
体 长：	约 30 厘米
食 物：	虾、蟹等

石头鱼常常以守株待兔的方式静静地等待食物自己上门。它们利用高超的伪装技巧，歪着身子贴在礁石旁，伪装成一块块石头。

青环海蛇

青环海蛇毒性十分猛烈，堪称海洋中的用毒高手。青环海蛇喜欢吃鱼，它们能够快速地毒晕鱼类，然后立刻将其吞下。

海洋档案

种 属:	爬行纲	
体 长:	1.5 ～ 2 米	
食 物:	鱼类等	

青环海蛇呈细长的圆筒状，全身遍布黑色的环带。

鸡心螺

鸡心螺的毒性很强，它们会静静地隐藏起来，等待猎物主动上门。目标出现后，鸡心螺就会找准时机，迅速用鱼叉般的齿舌发射一种毒素。猎物中毒后很快就会停止挣扎。这时，鸡心螺就可以放心地享用美食了。

鸡心螺的形状像芋头，因此也叫"芋螺"。

45

蓝环章鱼

　　蓝环章鱼身含剧毒，它只有高尔夫球大小，身上点缀着美丽的蓝色环斑，兴奋或紧张时，斑纹还会加深，非常漂亮，但是这美丽的外表背后隐藏着巨大的杀机。

海洋档案

种　属： 头足纲

体　长： 约 21 厘米

食　物： 小鱼、甲壳类动物

蓝环章鱼可以根据环境改变自己的颜色。

僧帽水母

僧帽水母经常成群栖息在海面上，随着风、水流和潮汐到处漂游。僧帽水母的触须长得惊人，这些触须上密密麻麻地分布着刺细胞，产生的毒素足以与毒蛇相比。

海洋档案

种　　属：	水螅虫纲
体　　长：	触须最长 22 米
食　　物：	小鱼、小虾等

僧帽水母的浮囊里充满了空气，可以漂浮在水面上。

47

箱水母

如果将海洋里有毒的动物进行排名，箱水母绝对名列前茅。这种像箱子一样的水母体内含有剧毒，一旦箱水母进入戒备状态，就会亮出自己的撒手锏，用看似毫无杀伤力的触手攻击对方。剧烈的毒素会让猎物和敌人失去反抗之力，甚至丢掉性命。

海洋档案

种　　属： 立方水母纲
体　　长： 触须达 3 米长
食　　物： 鱼类、蟹等

箱水母像方形的箱子。

火焰乌贼

　　火焰乌贼是整个乌贼家族中非常特立独行的种类，既有着奇异艳丽的外表，又有独特的运动方式。更特别的是，火焰乌贼还含有剧毒，是唯一具有毒性的乌贼。

火焰乌贼身上有很多突起的鳍状物。

火焰乌贼有一条特殊的腕，如同舌头一样。

箱鲀

箱鲀也叫"盒子鱼"，因为除了眼、口、鳍和尾巴之外，它们身体的其他部位被一个盒状骨架包围着，就像穿着盔甲一样。正因如此，它们在游泳时只能慢慢摆动背鳍和臀鳍。

海洋档案

种	属	硬骨鱼纲
体	长	15～25 厘米
食	物	甲壳类、贝类等

箱鲀被触摸时，会释放一种有毒物质。

海蜇

海蜇是水母大家族的一员，它们的伞状体隆起浑圆，像蘑菇一样，因此海蜇也被称为"海底毒蘑菇"。海蜇一伸一缩，挤压着伞面下的海水慢慢向前游动。

海洋档案

种	属：	钵水母纲
体	长：	25 ~ 100 厘米
食	物：	小型浮游动物

海蜇的身体分为伞部和口腕两部分。

51

棘冠海星

棘冠海星生活在有珊瑚礁的浅海，它们是珊瑚的天敌，会把珊瑚表面的珊瑚虫吃掉，让珊瑚礁遭到严重的破坏。

海洋档案

种　属：	海星纲	
体　长：	辐径 25~70 厘米	
食　物：	珊瑚虫等	

棘冠海星身上布满棘刺，棘刺上有毒胞。

绿海龟

绿海龟与其他海龟一样，除了上岸产卵外，一生都在海洋中度过。它们喜欢吃水草和海藻，体内脂肪积累了很多绿色素，因此被称为绿海龟。

海洋档案

种	**属:**	爬行纲
体	**长:**	80 ~ 150 厘米
食	**物:**	海藻、软体动物、节肢动物和鱼类等

虽然绿海龟长着与陆龟相似的龟壳，但是它们并不能把头和四肢缩回壳里。

鳍状的四肢如同船桨一样。

玳瑁

　　玳瑁的背甲上布满美丽的花纹，自古以来深受人们的喜爱。玳瑁性情凶猛，它们穿梭在珊瑚礁中，猎食其中的生物。玳瑁喜欢吃海绵、水母等有毒生物，但它们的肠胃非常好，能够抵抗毒素。

海洋档案

种　　属：	爬行纲
体　　长：	65 ～ 114 厘米
食　　物：	海绵、水母、海葵、鱼类、虾、蟹等

玳瑁长着鹰状嘴，能从珊瑚缝隙中钩出猎物。

玳瑁背甲呈棕红色，还有浅黄色的斑纹。

棱皮龟

棱皮龟是海龟家族中体形最大的成员，它们身上的龟板材质与其他海龟不一样，更像是革质的皮肤，上面还有明显的棱突，棱皮龟的名字便由此而来。

海洋档案

种　属：爬行纲
体　长：1.3～2米
食　物：杂食性，以鱼类、虾、蟹、水母、海藻等

棱皮龟全身深蓝色或黑色，上面点缀着白色斑点，看上去像浩瀚的星空。

棱皮龟从口腔到食道里布满了密密麻麻的牙齿。

砗磲

砗磲（chē qú）生活在热带海域，对珊瑚礁情有独钟。它们是体形巨大的贝类之王，当它张开双壳时，就会露出绚丽夺目的外套膜。

海洋档案

种　　属：双壳纲
体　　长：最大达 1 米
食　　物：浮游生物

砗磲的外套膜上生活着大量虫黄藻。

砗磲的壳顶弯曲呈弧状，壳的边缘呈波浪状弯曲。

鹦鹉螺

鹦鹉螺和鹦鹉没什么关系，它们生活在海洋里，和章鱼、乌贼是亲戚。

海洋档案

种　属： 头足纲

体　长： 16 ～ 20 厘米

食　物： 小型鱼类、甲壳类和软体动物等

鹦鹉螺拥有漂亮的外壳，上面红白色的条纹如同火焰一般。

鹦鹉螺内部分成了一个个由小到大的隔间，像是旋转楼梯一样。

龙虾

　　龙虾的身体披着坚硬的"铠甲"，色彩明亮，非常神气。它们生性好斗，每当遇到敌人，就会用触角和身体相互摩擦，发出尖锐的声音吓退对手。

海洋档案

种　属：	软甲纲	
体　长：	20 ~ 40 厘米	
食　物：	水草、大型浮游生物、贝类等	

在成长过程中，龙虾要经过不断蜕壳才会长大。

龙虾长着长长的触角。

雀尾螳螂虾

雀尾螳螂虾的外表绚丽夺目，身体上拥有红、黄、蓝、绿等多种颜色。雀尾螳螂虾生性凶狠，捕猎时非常残暴，经常发动突然袭击，让很多猎物在顷刻间毙命。

海洋档案

种	属：	软甲纲
体	长：	12～18 厘米
食	物：	腹足类、甲壳类等

雀尾螳螂虾的外表颜色如同孔雀一样鲜艳。

雀尾螳螂虾的大螯非常发达，像铁拳一样。

60

寄居蟹

寄居蟹身上没有坚硬的甲壳，所以只能想其他办法为自己找一副"铠甲"。寄居蟹一般会将螺壳、贝壳、蜗牛壳等当成房子，有时甚至会用瓶盖来充当自己的家。

海洋档案

种 属：	软甲纲	
体 长：	5~15 厘米	
食 物：	藻类、浮游生物、食物残渣等	

随着慢慢长大，寄居蟹会更换更合适的壳。

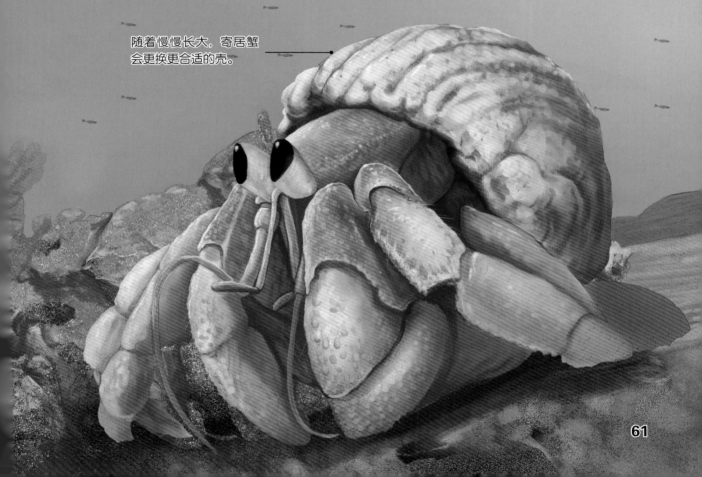

招潮蟹

沙滩上出现许多小螃蟹，它们挥舞着大螯愉快地舞蹈，像是在对大海示意，它们就是招潮蟹。

海洋档案

种　属: 软甲纲

体　长: 约 4 厘米

食　物: 富含营养的有机物

招潮蟹有一只螯大得出奇，像个盾牌一样横在胸前，另一只则小小的，像是没有发育完全。

招潮蟹的眼睛像是竖立着的火柴棍。

巨螯蟹

巨螯蟹的 8 条腿非常长，看上去像巨型蜘蛛一样，它们生活在幽深的海底，是传说中的"杀人蟹"。

海洋档案

种 属：	软甲纲	
体 长：	体长 38 厘米，最大样本腿展开后长 4.2 米	
食 物：	鱼类等	

巨螯蟹的蟹爪长而锐利。非常强劲有力。

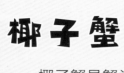

椰子蟹

椰子蟹是蟹类家族中的"巨人"，它们虽然是海洋动物，但却长期生活在海边的热带树林中，而且还是爬树高手呢。

海洋档案

种　属：	甲壳纲	
体　长：	约1米（头部至腿尖）	
食　物：	椰子肉、植物、动物尸体等	

椰子蟹全身覆盖着坚硬的厚壳。

椰子蟹粗壮有力的螯能轻易撬开椰子壳，还能帮助椰子蟹爬树。

扇贝

扇贝的外壳像一把折扇，所以就有了"扇贝"这个名称。扇贝在游动时，贝壳会一开一合，优美的姿态像个舞蹈家。

海洋档案

种	属:	双壳纲
体	长:	2.5 ~ 15 厘米
食	物:	浮游藻类等

扇贝通过贝壳开闭的反作用力让自己在水中快速游动。

火焰贝

火焰贝拥有独一无二的外表，它们的触手从贝壳的边缘伸展出来，随着水流轻柔地舞动，就像热烈燃烧着的火焰，火焰贝也因此得名。

火焰贝的触手像不像火苗呀？

鲎

鲎（hòu）又叫马蹄蟹，不过它可不是螃蟹，它和蝎子、蜘蛛、三叶虫是亲戚。鲎的祖先生活在古生代的泥盆纪，神奇的是，经过 4 亿多年的进化，鲎的模样一直没有太大改变。

海洋档案

种　属：	肢口纲	
体　长：	30 ~ 80 厘米	
食　物：	小型甲壳动物、软体动物、环节动物等	

鲎有一根细长的尾巴，像一把剑一样，这是其用来防卫的武器。

你知道吗？鲎的血液是蓝色的。

牡蛎

海上风大浪急，小动物们一个不小心就可能会被卷走。但是牡蛎（mǔ lì）却非常聪明，它们懂得将自己的身体固定在岩石上来抵御风浪，并从流经的海水中过滤食物。

海洋档案

种	属：	瓣鳃纲
体	长：	8 ~ 14 厘米
食	物：	微型海藻和有机碎屑

牡蛎长着凹凸不平的壳。

沙粒等异物掉进牡蛎中，牡蛎分泌出的珍珠母一层层地包裹住异物，慢慢地就成了珍珠。

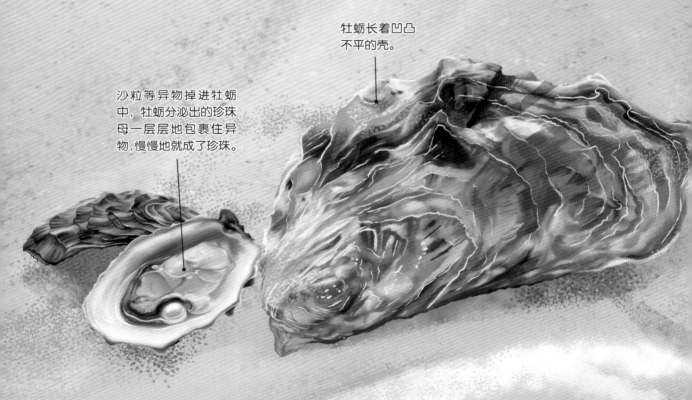

谁生活在深海？

蝰鱼

蝰（kuí）鱼面目狰狞，尤其是那口凌乱的獠牙让人深感恐惧。作为深海一霸，蝰鱼的捕食利器不单单有杀伤力惊人的牙齿，还有身体上的发光器。这些"诱饵"制造出来的光晕，常常让很多鱼虾自动送上门来。

海洋档案

种　属：	辐鳍鱼纲
体　长：	不足 35 厘米
食　物：	鱼类、甲壳类等

蝰鱼的身上有小灯笼一样的发光器。

蝰鱼的牙齿凌乱而尖利。

宽咽鱼

在海洋深处，生活着许多奇怪的生物，宽咽鱼就是其中之一。它们长着一张大大的嘴，被人们称为"伞嘴吞噬者"。

海洋档案

种　属：	辐鳍鱼纲	
体　长：	35 ~ 100 厘米	
食　物：	甲壳类、鱼类、头足类、浮游生物等	

宽咽鱼凭借一张巨嘴，可以将比自己还大的猎物吞下去。

宽咽鱼有一条长长的尾巴，尾巴末端可以发光。

鮟鱇

　　鮟鱇（ān kāng）长相十分丑陋，它们的声音也不好听，就像是老人在咳嗽。所以，鮟鱇有一个外号——"老头鱼"。

海洋档案

种　　属：	辐鳍亚纲
体　　长：	40 ~ 60 厘米
食　　物：	鱼类等

鮟鱇头顶上的"小灯笼"是它们用来捕食的秘密武器。

幽灵蛸

幽灵蛸（xiāo）也是利用发光技术捕食的顶尖高手，它们可以启动和关闭满身的发光器，给猎物制造多种假象。如若猎物靠近，幽灵蛸则会用那灵活的触腕将其围堵在自己的"网伞"之下。

幽灵蛸的触手伸展后就像是带钉子的网。

幽灵蛸的鳍像两个大耳朵一样。

玻璃头桶眼鱼

　　漆黑的深海神秘莫测，这里生活着一种头部透明的鱼，名字叫玻璃头桶眼鱼，我们可以通过透明的脑门看到它们脑袋里的结构。

海洋档案

种	**属：**	脊索动物
体	**长：**	约 15 厘米
食	**物：**	小鱼和水母等

这两个圆点儿可不是眼睛，而是鼻孔。

这看上去像树叶的部分，其实是玻璃头桶眼鱼的眼睛。

玻璃乌贼

玻璃乌贼看起来就像透明气球，晶莹又不失美感。"气球"上点缀着美丽斑点，随水而动，样子十分可爱。

海洋档案

种	**属：**	头足纲
体	**长：**	不详
食	**物：**	浮游生物等

玻璃乌贼身上的发光器官在黑暗中如同信号灯一样。

小飞象章鱼

　　小飞象章鱼因酷似迪士尼动画片中的小飞象而得名，它们生活在人迹罕至的深海海域，很难被发现。小飞象章鱼没有捕食的吸盘，却有会发光的器官。通过这些器官，它们就能吸引猎物靠近，从而轻松捕食。

种　属：	头足纲
体　长：	约 20 厘米
食　物：	甲壳类、桡足类等

小飞象章鱼的鳍如同两只大耳朵。

谁的模样像植物?

珊瑚虫

　　珊瑚虫是海洋中最杰出的"工程师"，珊瑚就是珊瑚虫的石灰质骨骼，形态呈树枝状，颜色鲜艳美丽，可以做装饰品，有些还有很高的药用价值。

海洋档案

种　　属：	珊瑚虫纲	
体　　长：	约1厘米	
食　　物：	浮游生物等	

珊瑚礁为很多动植物创造了一片生活的"乐土"。

海葵

海葵就像多彩绚丽的花朵，不过它们其实并不是植物，而是一种动物，还是长在水里的食肉动物。外表美丽的海葵非常具有欺骗性，它看起来无害，实际上它的触手上长满有毒的刺细胞，不能轻易靠近。

小丑鱼不怕海葵毒素，它们生活在一起。

海洋档案

种　属：	珊瑚虫纲	
体　长：	1.8~200 厘米	
食　物：	浮游生物等	

海绵

海绵看起来很像植物，事实上是一类结构简单的海洋动物，它们已经在广阔无垠的海洋中生活了数亿年了。

海洋档案

种　属: 寻常海绵纲

体　长: 10~100 厘米

食　物: 有机碎屑、微生物等

海绵没有头，没有躯干，没有尾巴，没有内脏。

海绵身上长了许多孔，海水从孔中进出，海绵就能从中过滤食物了。

海笔

海笔的造型很有个性，它长得几乎和羽毛笔一样，名字也因此而来。海笔的"羽枝"由千千万万的水螅虫组成，遇到危险时，它们还会发光呢。

海洋档案

种　　属： 珊瑚虫纲
体　　长： 约 40 厘米
食　　物： 有机物质等

瞧，海笔的身体是对称的！

圣诞树蠕虫

圣诞节到来的时候一定要点缀一棵圣诞树才有欢乐的节日气氛。但是你一定想象不到，在热带海洋静谧的海底，也有许许多多的小"圣诞树"，五彩斑斓，十分可爱，它们名字就是"圣诞树蠕虫"。

种　属：	多毛纲
体　长：	约 3.8 厘米
食　物：	浮游生物等

圣诞树蠕虫通常会成对出现。

圣诞树蠕虫颜色鲜艳，外表如同彩色的螺旋。

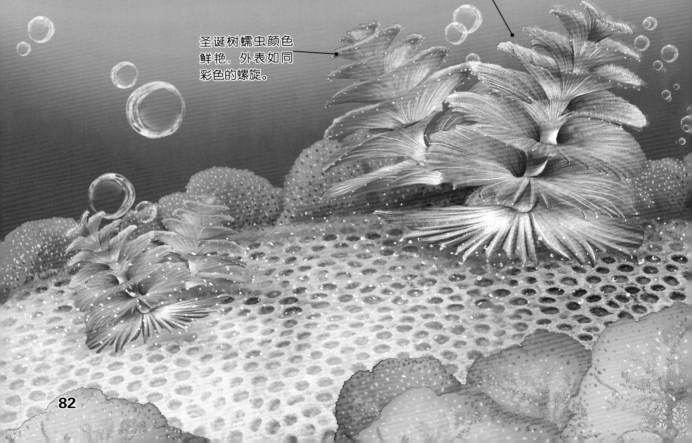

海鞘

海鞘（qiào）是个大家族，人们已经发现的品种已经达到了 1200 多种，每一种海鞘都有自己独特的颜色和形状，它们有的像蔬菜，有的像水果，还有的像花朵……姿态各异，个性十足。

海鞘成年后会固定在一个地方，一动也不动。

海百合

海百合和百合花一样是植物吗？其实，海百合是货真价实的海洋动物。不但如此，它已经在地球上生活了 5 亿多年，比恐龙出现的时间还要早得多，是名副其实的海洋"古董"。因为它们颜色艳丽，如同百合花一样，因此被称为"海百合"。

海百合长着很多腕，有的种类腕多，有的种类腕少。

海洋档案

种　属： 海百合纲
体　长： 约 60 厘米
食　物： 浮游生物

海羽星

海羽星是一种可以自由行走的海百合，它的底部只有弯曲的卷枝，用来抓住岩石，防止自己被暗流卷走。海羽星可以微微抬起身体，利用腕足向前缓缓移动。

海洋档案

种　　属: 海百合纲
体　　长: 约 60 厘米
食　　物: 浮游生物、有机物等

海羽星有很强的再生能力，腕足受到伤害后能重新长出来。

海羊齿

海羊齿是海洋棘皮动物海百合的一种，因为身形似羊齿植物而得名，它们喜欢黏附在坚硬的礁石上。

海羊齿的腕一般有10个。

谁的长相最漂亮?

小丑鱼

在美丽的热带海洋中，生活着一群小丑鱼。可别以为小丑鱼叫这个名字是因为它们长得丑，要知道，它们颜色鲜艳，模样可爱，一点儿也不丑呢！

海洋档案

种 属：	辐鳍鱼纲	
体 长：	约 10 厘米	
食 物：	藻类、小虾、浮游生物等	

小丑鱼身上有白色条纹，像京剧中的小丑。

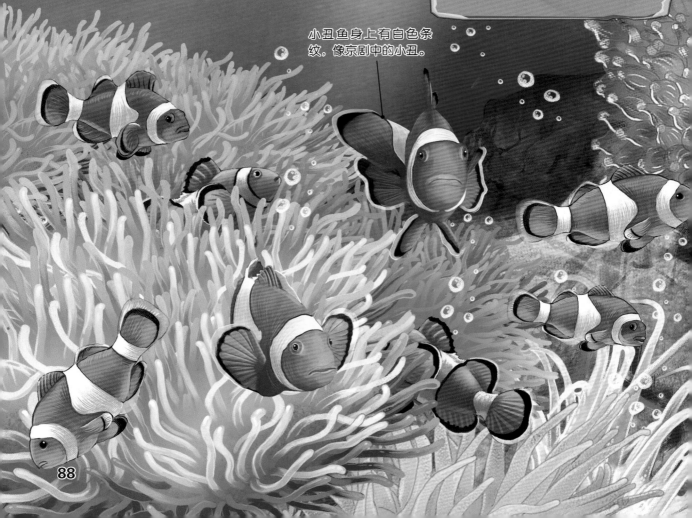

88

豆娘鱼

豆娘鱼是雀鲷家族中可爱的成员。它们喜欢以浮游生物和一些藻类为食，栖息在较浅的岩礁区，因为这样可以好好地晒太阳！

海洋档案

种　　属：	硬骨鱼纲
体　　长：	12~15 厘米
食　　物：	浮游生物、藻类等

豆娘鱼身上有暗色的条纹。

89

镰鱼

镰鱼是珊瑚礁里的居民，它们的外形非常漂亮，经常结成小群在珊瑚礁中寻找食物。

海洋档案

种　属： 辐鳍鱼纲
体　长： 长约 18 厘米
食　物： 无脊椎动物、海藻等

镰鱼的小嘴突出。

镰鱼的背鳍延长，像一条飘带。

蛇尾

蛇尾长得和海星有点儿像，但它们的腕更加细长、柔软，它们爬行时蜿蜒蠕动，像蛇的尾巴一样，因此被称为蛇尾。

海洋档案

种	属：蛇尾纲
体	长：不详
食	物：浮游生物、腐肉等

蛇尾的腕容易折断，但它们拥有再生能力，断掉的部分能重新长出来。

甲尻鱼

如果海底世界举行一场选美比赛的话，甲尻（kāo）鱼一定会取得非常好的名次。虽然它们的外形极具特色，但身上却有刺毒，是一种既美丽又危险的动物。

海洋档案

种	属：	辐鳍鱼纲
体	长：	约 25 厘米
食	物：	海绵、藻类、软珊瑚等

黄色或橘黄色的外衫，再由带黑边的蓝白条纹点缀，实在是漂亮极了。

五彩鳗

在浩瀚的海洋中，有一种鱼，游动时就像一条条飞舞的彩带，它们就是五彩鳗。

海洋档案

种 属：	硬骨鱼纲	
体 长：	90~130 厘米	
食 物：	鱼、鱿鱼等	

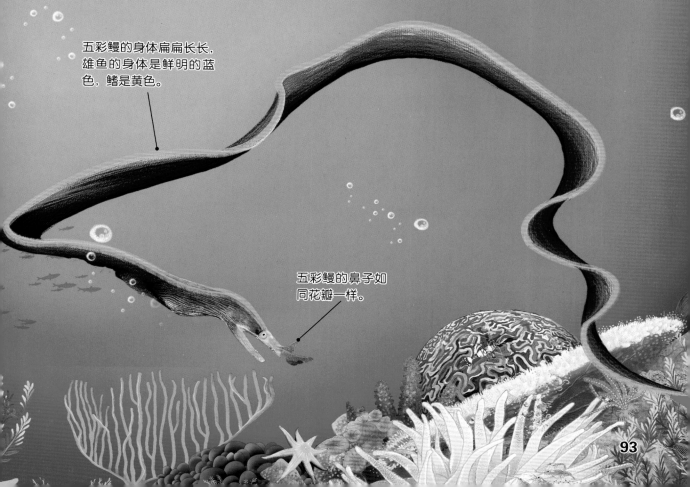

五彩鳗的身体扁扁长长，雄鱼的身体是鲜明的蓝色，鳍是黄色。

五彩鳗的鼻子如同花瓣一样。

蓑海牛

蓑海牛和大大丑丑的海牛可不一样，它们的个头小小的，十分漂亮。它们背上一列列的背鳃如同美丽的礼服。

海洋档案

种	**属:**	腹足纲
体	**长:**	不详
食	**物:**	海藻等

蓑海牛的背鳃上有刺细胞，可以防御天敌。

六鳃海牛

　　六鳃海牛也叫"血红六鳃海蛞蝓"。它们不仅拥有五彩斑斓的美丽面孔，还能摆动柔软的身体，展示曼妙的舞姿，有"海中舞娘"的美称。

海洋档案

种　属： 腹足纲

体　长： 10~60 厘米

食　物： 藻类、苔藓虫、珊瑚虫等

六鳃海牛体色鲜艳，是鲜红色或橘红色，身体边缘还有波浪般的"裙边"。

海蝴蝶

海蝴蝶的学名叫作翼足螺。因为形态与蝴蝶有些类似，所以人们比较喜欢用"海蝴蝶"来称呼它们。

海洋档案

种	属：	软体动物
体	长：	1 厘米左右
食	物：	浮游生物等

海蝴蝶和蜗牛、海螺是亲戚，但它们的外壳却是纤细透明的。

大西洋海神海蛞蝓

大西洋海神海蛞蝓是一种神奇美丽的生物，它们穿着蓝色的"外衣"，就像在海中飞翔的小精灵。

海洋档案

种　属：	腹足纲
体　长：	3~8 厘米
食　物：	浮游生物等

附肢在末端分叉，构成了露鳃，每根露鳃的末端均有刺胞囊。

海兔

　　神秘的大海中有这样一种动物，它们的耳朵也能竖起来，还和小兔子一样可爱，这是谁呢？告诉你吧，它们的名字叫海兔。海兔有个本领，它吃什么颜色的海藻就会变成什么颜色。

海兔的触角像一对萌萌的兔耳朵。

海兔体外无皮毛，薄薄的壳皮呈白色，有珍珠光泽。

海月水母

　　海月水母是水母家族中的一员，通透的伞状水母体、轻舞似纱的曼妙身姿，漂浮在水中的样子就像一轮轮初升的明月，如梦如幻。

海洋档案

种　属：	钵水母纲
体　长：	25~49 厘米
食　物：	浮游生物、软体动物等

海月水母身上的刺细胞是它们捕食和御敌的主要工具。

海星

　　海星没有脑袋，从身体中间伸出几条腕，看上去就像是从天上掉进海里的星星。海星有一个强大的本领——再生，腕如果被切断，一段时间后就能再长出来，还有些海星断掉的触手能长成一只新海星。

海洋档案

种　属：海星纲

体　长：2.5 ～ 90 厘米

食　物：贝类、节肢动物、小鱼等

海星通常有 5 条触腕，但有的海星有 4 条腕，还有的海星有 40 条腕呢。

五彩青蛙鱼

　　五彩青蛙鱼可不是青蛙，而是一种生活在珊瑚礁中的海鱼。它们的身体表面呈现蓝色、橘红以及绿色等亮丽的颜色，十分漂亮。

海洋档案

种　属：	硬骨鱼纲
体　长：	约6厘米
食　物：	甲壳类、无脊椎动物等

五彩青蛙鱼的背鳍第一根脊条延长着。

五彩青蛙鱼长着一双大眼睛。

狐篮子鱼

狐篮子鱼穿着一身金黄色的"晚礼服"，却长着一副如同狸猫一般黑白花纹相间的脸，像是戴了面具。

海洋档案

种　属：	辐鳍鱼纲	
体　长：	约 18 厘米	
食　物：	蠕虫、海藻、有机物等	

狐篮子鱼又叫"狐狸鱼"，因为它们的头部又细又长，像狐狸一样。

102

长吻丝鲹

　　说起漂亮的海洋生物，那就不得不提长吻丝鲹（shēn）了。长吻丝鲹并没有艳丽的体色，但是姿态优雅，丝状的鳍条让它们显得格外飘逸灵动。

海洋档案

种　属：硬骨鱼纲
体　长：20~150 厘米
食　物：甲壳类、小鱼等

长吻丝鲹的身体是扁扁的菱形。

谁在海上飞?

飞鱼

鸟儿会在天上飞，可你听说过会飞的鱼吗？飞鱼是海洋中一种特别的鱼，它们可以在海面上滑翔！

海洋档案

种　属：	条鳍鱼纲
体　长：	约 45 厘米
食　物：	浮游生物等

飞鱼的"翅膀"其实是一对宽大的胸鳍，它们摆动尾巴，加快速度跃出水面，然后张开胸鳍可以滑翔 100 米以上。

105

蝠鲼

蝠鲼又叫"魔鬼鱼"，它们扇动着三角形的胸鳍在水中游动时，就像一张魔毯在水中飞翔。有时候它还会跃出水面，像一只巨大的风筝在海面上滑翔。

海洋档案

种　属：	软骨鱼纲
体　长：	宽约 8 米
食　物：	浮游生物、鱼类等

蝠鲼身体平扁，胸鳍肥厚宽大，就像一对翅膀。

蝠鲼头上长着一对头鳍，像犄角一样。

海鸥

海鸥是海边最常见的鸟，我们时常能看到它们展翅飞翔或成群休憩的身影。海鸥是海上天气预测大师，当海鸥贴近海面飞行时，多是晴朗的好天气；如果它们在海边徘徊，天气就会逐渐变坏。

海洋档案

种	**属:**	鸟纲
体	**长:**	38 ~ 44 厘米
食	**物:**	杂食

海鸥的羽毛会随着年龄增长和季节交替而变化。

信天翁

信天翁是鸟类家族中著名的飞行家，可以几个小时翱翔在大洋的上空不停歇，偶尔才会拍动一下翅膀。

海洋档案

种　属:	鸟纲	
体　长:	70 ~ 140 厘米	
食　物:	鱼类、头足类等	

信天翁的翼展窄窄长长的，翅膀张开能达到 3~4 米。

鹈鹕

　　鹈鹕（tí hú）是鸟类中自带"渔网"的渔夫。它的嘴下长了一个与皮肤连接着的喉囊，看起来就像一个超大的渔网。捕鱼时，它张开大嘴，连鱼带水收入喉囊之中，然后把水挤出，留在囊中的鱼儿便成了美餐。

海洋档案

种　　属：	鸟纲	
体　　长：	约 150 厘米	
食　　物：	鱼类	

鹈鹕的喉囊可以自由伸缩，能够储存食物。

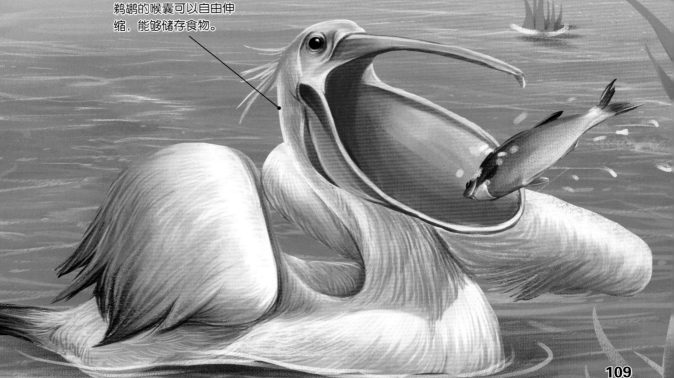

鸬鹚

鸬鹚（lú cí）喜欢吃鱼，因此它们练就了一身优秀的潜水本领，最令人惊叹的是，它的翅膀不仅可以用来飞翔，还能在水中划水。

海洋档案

种　属：	鸟纲
体　长：	45 ~ 100 厘米
食　物：	鱼类、甲壳类等

鸬鹚潜水时羽毛湿透，上岸后需要晒干翅膀。

鸬鹚可以依靠脚蹼划水。

贼鸥

听名字就能猜到，贼鸥可不是什么善良的动物，甚至非常惹人厌，它们经常抢夺其他动物的食物，把它们称为"空中强盗"一点也不过分。

海洋档案

种	**属：** 鸟纲
体	**长：** 52~60 厘米
食	**物：** 鸟蛋、幼鸟、尸体等

贼鸥是企鹅的天敌，它们偷袭未成年的小企鹅和企鹅蛋。

军舰鸟

军舰鸟也被称作"强盗鸟",它们的身体构造不适合潜入水中捕食,只能吃一些在水面上发现的鱼虾贝类。不过,水面上的食物毕竟不多,于是它们会骚扰已经捕食到食物的其他鸟类,抢夺它们的食物。

雄性军舰鸟拥有鲜红色的喉囊。繁殖时期,雄军舰鸟就会膨胀喉囊,吸引心仪的雌鸟。

企鹅

　　企鹅是鸟，但是不会飞，它们是优秀的游泳能手，能潜入水下快速而优雅地游动。可一旦回到陆地上，它们就只能摇摇晃晃地向前走，看上去憨态可掬，十分可爱。

海洋档案

种	属:	鸟纲
体	长:	约 110 厘米
食	物:	磷虾、乌贼、鱼类等

企鹅的身体圆圆胖胖的，翅膀退化得像船桨一样。

企鹅身上覆盖着厚厚的毛，还能防水呢。

113

北极燕鸥

北极燕鸥是鸟类中迁徙距离最远的纪录保持者，它们每年都要在南北两极之间往返，是当之无愧的"迁徙之王"。

海洋档案

种　属: 鸟纲
体　长: 33 ~ 39 厘米
食　物: 鱼类、无脊椎动物等

北极燕鸥喜欢聚在一起群体生活。

北极燕鸥的喙和双脚是鲜艳的红色。